Hersteller / Manufacturer (GPSR)
Storylution GmbH, Biberstraße 5, 1010 Vienna, Austria
E-Mail: story.one@story.one

Kathrin Ahrendt

Lorbas, mein Seelenhund

story.one – Life is a story

story.one

FSC
www.fsc.org
MIX
Papier aus verantwortungsvollen Quellen
Paper from responsible sources
FSC® C105338

1st edition 2024

Production, design and conception:
story.one publishing - www.story.one
A brand of Storylution GmbH

Font set from Minion Pro, Lato and Merriweather.

ISBN: 978-3-7115-0277-3

Für Lorbas

INHALT

Beim Sonnenaufgang

Im Portrait

1. Lorbas, mein Seelenhund

Wie beginnt man ein Buch, gewidmet seinem Seelenhund, wenn alle Worte unzulänglich sind, dessen einzigartigen Charme und all seine liebevollen Eigenarten aufzuzeigen? Vielleicht mit der Aussage, dass jeder Hundebesitzer denkt, sein oder ihr Hund wäre der Beste? Oder mit dem Hinweis, dass jeder Einzelne mit dieser Aussage recht hat? Am besten vielleicht mit der Tatsache, dass auch mein Lorbas da keine Ausnahme war. Und dass er nicht nur der beste Hund der Welt war, sondern auch ein ganz besonderes Exemplar, der von (fast) allen Zwei- und Vierbeinern, die ihn kennenzulernen durften, geliebt wurde.

Gerade kleinere Hunde, die normalerweise Angst vor Artgenossen haben, waren ganz wild auf Lorbas. Die Kommentare von deren Besitzern umfassten Aussagen wie „jetzt ist der Tag meines Hundes gerettet" bis hin zu „jedes Mal, wenn er an unserm Fenster vorbeiläuft, fängt unsere Hündin an zu fiepen und will unbedingt zu ihm raus".

Und diese Liebesbekundungen, die oft darin mündeten, dass die Hunde sein Gesicht leckten oder hingebungsvoll an seinen Ohren rochen, kamen nicht nur von Lorbas' Artgenossen. Auch viele Menschen, denen wir begegneten, waren eingenommen von Lorbas ruhiger und zurückhaltender Art. Eine Begegnung ist mir dabei noch besonders in Erinnerung: In unserem ersten Jahr mit Lorbas fragte mich ein anderer Hundebesitzer, wo wir solch einen tollen Hund her hätten und ob es unsere Erziehung wäre oder einfach seine Natur, dass er so unkompliziert sei.

Nun ja, die Antwort ist wohl ein bisschen von beidem. Ich war schon immer ein Hundemensch. Als Kind habe ich statt mit Barbies oder Legos lieber „Hund" gespielt. Außerdem verstehe ich die Sprache der Hunde intuitiv und habe dieses Wissen selbstverständlich auch bei Lorbas angewandt. Ich habe im Laufe der Jahre relativ selten laut mit ihm gesprochen. Stattdessen habe ich hauptsächlich über Gestik, Mimik, Handzeichen, Körpersprache und Energie mit ihm kommuniziert.

Aber natürlich hat Lorbas durch seine Intelligenz und seine gute Beobachtungsgabe auch seinen Teil dazu beigetragen, dass unsere Kommunikation so reibungslos funktionierte. Seine Aussagen und Wünsche waren immer klar und deutlich, während er andersherum auch genau einschätzen konnte, was wir von ihm wollten.

So folgten wir nicht immer den regulären Hundeerziehungsmethoden. Ich habe Lorbas zum Beispiel nie das richtige „Bei Fuß“ beigebracht, weil es einfach nicht nötig war. Denn obwohl er 90 % der Zeit bei Spaziergängen vor uns herlief, behielt uns stets im Blick. Durch seine hohe Sensibilität reagierte er auf die kleinste Spannung in der Leine und blieb sofort stehen oder drehte sich um, sobald man langsamer wurde oder stehen blieb, um zu gucken, was los war. Und so waren wir vielleicht weniger Hund und Frauchen als mehr zwei Seelenverwandte, die zusammen durchs Leben gingen …

Das erste Foto von Lorbas

Müde vom Einzug

2. Lorbas, ehemals Rambo

„Mutti, ich möchte einen Hund!“ Das waren wohl die meistgesagten Worte meiner Kindheit, wobei es tatsächlich 27 Jahre dauern sollte, bis sich mein Traum erfüllte.

Anfangs spielte ich mit dem Gedanken, mir eine ältere Hündin aus dem Tierheim zu holen, vielleicht in Richtung Malteser oder Havaneser-Mix, weil diese gut als Anfängerhunde geeignet sind. Demzufolge würde es wahrscheinlich ein weißer Hund werden, und klein sollte sie auf jeden Fall sein! Das Universum hatte jedoch andere Pläne. Denn was ich letztendlich bekam, war ein junger, schwarzer Rüde, der seine Zwergpudel-Eltern und Geschwister schon bald überragte und zum Kleinpudel wurde. Nichts davon war geplant, und dennoch hätte das Ergebnis nicht besser ausfallen können.

Aber zurück zum Anfang: Nachdem es im örtlichen Tierheim zu der Zeit nur größere Hunde gab, begann ich meine Suche auszuweiten und stieß bald auf die Anzeige einer Züchterin, dass noch zwei fünfmonatige Zwergpudel abzugeben wären, die bis jetzt keiner haben wollte. Kurze Zeit später betraten meine Mutter und ich das Hundezimmer, wo sich einer der beiden Kandidaten gleich auf uns stürzte. Er riss dabei mal eben einen Wäscheständer um und zwickte beherzt in unsere Hände. Ich wusste gleich, dass dies nicht mein Hund war. Solch einem Rabauken konnten wir einfach nicht gerecht werden. Deshalb sah ich mich nach dem zweiten Hund um, der verschüchtert in einer Ecke saß und uns misstrauisch beäugte. Die Züchterin erklärte uns, dass Rambo sich immer unter dem Sofa versteckt hatte, sobald Leute kamen, um sich die Welpen anzusehen. Ein kleiner Angsthase also ...

Ich weiß aus diversen Hunderatgebern, dass man sich als Ersthund möglichst einen souveränen, ruhigen Hund aussuchen sollte. Und wenn das nicht geht, raten alle dazu, eher einen hyperaktiven Vierbeiner zu nehmen, aber bloß nie einen Angsthund. Nun ja, ich war noch nie besonders gut darin, auf den Ratschlag anderer zu hören. Zumal ich selbst 10 Jahre lang unter Panikattacken gelitten hatte und dadurch direkt eine Verbundenheit mit dem Kleinen fühlte.

Also setzte ich mich mit dem Rücken zu ihm auf den Boden und machte mich klein, um weniger bedrohlich zu wirken. Dann stellte ich mich ihm leise vor und hörte schon bald Pfotentapser hinter mir. Vorsichtig streckte er seinen Kopf vor, um an meiner Hand zu schnüffeln. Und was soll ich sagen? Nur Minuten später leckte er mir bereits schwanzwedelnd das Gesicht ab, als ob er sagen wollte: „Na endlich bist du da, warum hat das denn so lange gedauert?“ Als er dann auch noch meine Mutter auf die gleiche Weise begrüßte, war die Entscheidung gefallen: Ich hatte meinen Hund gefunden!

Nur der Name, der konnte nicht bleiben. Es wurde uns vom Züchter zwar geraten, ihn nicht zu ändern, weil sich ein Hund nach fünf Monaten schon daran gewöhnt hat. Aber Rambo? Nein! Das ging wirklich nicht. Ein neuer Name musste her. Und dieser war auch schnell gefunden: Lorbas, was Lümmel, Schelm, Schlingel oder Schlitzohr bedeutet, und welcher perfekt zu meinem Hund passte, wie man schon bald sehen sollte ...

Ein Nickerchen auf dem Hocker

Blick aus dem Fenster

3. Lorbas, der Katzenhund

Es gab sehr viele Momente, in denen Lorbas nichts als Blödsinn im Kopf hatte. Einmal kroch er beim Spaziergang zum Beispiel so tief in ein dichtes Gestrüpp, dass er komplett außer Sicht verschwand. Nur um dann kurze Zeit später ohne sein Hundegeschirr wieder hervorzukommen. Er musste mit diesem hängen geblieben sein und hatte sich glücklicherweise selbst herauswinden können. Das Geschirr blieb jedoch für immer verloren.

Ein anderes Mal sprang er auf unseren Esstisch, wo er zunächst verdutzt zwischen all den Schüsseln innehielt. Sollte nun aber jemand meinen, Lorbas wollte an unser Essen – weit gefehlt! Das interessierte ihn gar nicht. Er schaute nur aus dem Fenster und fand es wohl toll, auf einmal so groß zu sein. Überhaupt legte er sich, wie eine Katze, gerne an Orte, von denen er einen guten Überblick hatte. Und wenn wir mal am Fenster standen, wollte er auf den Arm genommen werden. Denn er beobachtete gerne alles, ob dies nun ein Vogel, der Nachbarhund oder ein Jogger war.

Pudel sind ja ohnehin bekannt als eine katzenähnliche Hunderasse, was es umso kurioser macht, dass Lorbas zeit seines Lebens Angst vor Katzen hatte. Sobald ihm eine auf der Straße begegnete, hieß die Devise, einen großen Bogen zu machen und sich dann mindestens 83-mal umdrehen, ob man auch ja nicht von diesem gefährlichen Stubentiger verfolgt wurde. So sprang er, als sich eine Katze mal von hinten an ihn anschlich, während er seine Nase in einem Busch stecken hatte, vor Schreck auch einen halben Meter in die Höhe und nahm schnell Reißaus.

Überhaupt hatte Lorbas von Tag 1 an vor vielen Dingen Angst: Straßen, Autos, Bahnfahren, Katzen, große Hunde, fremde Menschen und und und. Nach und nach gingen wir jede dieser Ängste an und konnten tatsächlich viele beilegen, indem wir ihm die Zeit und Sicherheit gaben, alles richtig einzuordnen. Wenn er zum Beispiel eine Mülltonne fixierte, fasste ich diese an, um Lorbas zu beweisen, dass sie nicht gefährlich ist. Und nach spätestens zwei Wiederholungen war es dann nie wieder ein Thema. Tatsächlich wurde Lorbas sogar richtig mutig, was manche Bereiche antraf.

Kurz nachdem er zu uns gekommen war, besuchten wir eine Hundeschule und sollten dort einen Parkour bewältigen. Die Aufgabe war es, mit unseren Hunden über Kies, Sand, eine wacklige Brücke und diverse andere Untergründe zu gehen. Viele der Hunde zögerten bei dem ein oder anderen Hindernis oder wollten partout nicht drüber. Aber da Lorbas es bereits gewohnt war, dass er meiner Einschätzung vertrauen konnte und ich zügig losmarschierte, folgte er mir problemlos. Der Trainer war begeistert, und umso mehr, als wir bei der zweiten Übung die Aufmerksamkeit unseres Hundes auf uns ziehen sollten. Während die meisten Vierbeiner viel zu sehr damit beschäftigt waren, untereinander Kontakt aufzunehmen oder am Boden zu schnüffeln, sah Lorbas sofort hoch, als ich ihn ansprach. Der Trainer meinte dann nur noch scherzhaft, dass es aber auch ein unfairer Vergleich mit den anderen Mensch-Hund-Paarungen sei, weil ich als einzige einen Pudel hatte. Oder war es vielleicht doch kein Scherz ...?

Lorbas im Feld

Lorbas im Wald

4. Lorbas, unser Anhängsel

Lorbas war intelligent, wissbegierig und folgsam. Aber eine Sache wollte er absolut nicht lernen: Allein zu bleiben. Er klebte anfangs quasi an unseren Schuhsohlen und folgte uns auf Schritt und Tritt, damit er nur ja immer jemanden im Blick hatte. Eine Hundetrainerin bot uns deshalb an, zu helfen. Meine Mutter, die an diesem Tag in der Hundeschule war, sollte das eingezäunte Gelände verlassen und sich kurz hinter der Hauswand verstecken. Ein netter Gedanke, aber die Trainerin hatte die Rechnung ohne unseren Lorbas gemacht. Denn in dem Moment, als meine Mutter außer Sichtweite war, nahm er Anlauf, sprang in seiner Not irgendwie über den hohen Zaun und stand Sekunden später freudig wedelnd neben ihr.

Seine Anhänglichkeit und die enge Bindung uns gegenüber hatten aber auch einen großen Vorteil. Wir mussten uns eigentlich nie Sorgen machen, dass er weglaufen würde. Und zu 99 % hatten wir auch recht damit.

Das erste Jahr nach seiner Ankunft bei uns wohnten wir noch direkt neben einem schönen Auslaufgebiet und Lorbas rannte dort oft ohne Leine umher. Er rannte mal vor oder blieb zurück, verschwand in einer Hecke oder ging im Fluss etwas trinken. Aber lange außer Sicht ließ er uns nie und kam dann immer angehechtet, wenn wir seiner Meinung nach mal etwas zu weit entfernt waren. Andersherum hörte er auch auf unsere Rufe, wenn wir ihn zu uns bestellten, zumal es dann immer eine freudige Begrüßung mit Streicheleinheiten und gelegentlich ein Leckerli gab.

Und doch gab es zwei Situationen, als er plötzlich weg war und nicht gleich wiederkam. Letzteres war jedoch nie seine Schuld …

Das erste Mal sah er ein Reh und rannte zusammen mit einem zweiten Hund diesem hinterher, alle Rufe meiner Mutter ignorierend. Sein Jagdtrieb war geweckt! Der andere Hund kam bald darauf zurück, aber Lorbas blieb verschwunden. Nach hektischem Rufen wurde meine Mutter schließlich von einem Spaziergänger angesprochen, ob sie einen schwarzen Pudel suche, denn ein solcher wäre dort hinten hinter dem Zaun gefangen. Und tatsächlich war da eine winzige Hütte in dem angrenzenden Wäldchen, welche ringsherum von Zäunen gesichert war. Irgendwie musste Lorbas es geschafft haben, sich durch eine kleine Lücke hineinzuzwängen und fand nun den Ausgang nicht mehr. Es war nicht ganz einfach, ihn zu befreien, aber umso mehr freute er sich, nachdem es endlich geschafft war.

Das zweite Mal, als Lorbas weglief, war er mit mir unterwegs. Er hörte nicht gleich auf mein Rufen, also ging ich in einen Seitenweg, um außer Sicht zu sein und rief noch einmal. Dieses Mal hörte Lorbas zwar, nur musste er aus irgendeinem Grund gedacht haben, dass ich in die andere Richtung gegangen bin, denn auf einmal war er ganz weg. Während ich nun hektisch begann, nach ihm zu suchen, war er, wie mir ein Nachbar später berichtete, nach Hause gelaufen, hatte sich vor unser Haus gestellt und laut gebellt, um auf sich aufmerksam zu machen. Und erst als er mich dort auch nicht finden konnte, lief Lorbas wieder zurück zu der Stelle, wo wir uns verloren hatten und wo wir uns glücklich in Arme und Pfoten fielen.

Sportlicher Kurzhaarschnitt von einer Hundefriseurin

Sportlicher Kurzhaarschnitt von mir

5. Lorbas, das Schaf

„Guck mal, Mama, da kommt ein Schaf!“

Das war die Aussage eines kleinen Jungen, der alle Umstehenden damit zum Lachen brachte. Dabei hatte er gar nicht ganz Unrecht. Denn zu dieser Zeit gingen wir mit Lorbas noch regelmäßig zum Hundefriseur, und so ganz nach Hund aussehend kam er da nie raus …

Den typischen Pudel-Look mochte ich noch nie, schon gar nicht, wenn da irgendwo Bommel am Hund hängen, während der Rest kahlgeschoren ist. Aber auch wenn man einen „sportlichen Pudelschnitt“ beim Friseur bestellte, sah das Ergebnis immer noch fragwürdig aus. Die Schlappohren wurden extrem lang gelassen und auch die Rute sah nie wirklich natürlich aus.

Jedenfalls war dies einer der Hauptgründe, weshalb ich mir irgendwann selbst eine Schermaschine anschaffte. Die anderen Gründe waren, dass ich a) uns allen den langen Hin- und Rückweg, b) Lorbas den Stress von einer fremden Person angefasst werden zu müssen und c) mir die ermüdende Prozedur ersparen wollte, 1-2 Stunden neben dem Tisch zu stehen und mit Argusaugen über alles zu wachen.

Ich ging auch ganz unbedarft an meine erste Schur ran. Ich hatte mir zuvor weder Tutorials angesehen noch Bücher darüber gelesen. Die einzige Qualifikation, die ich vorzuweisen hatte, war, dass ich die vergangenen Monate regelmäßig neben den Hundefriseuren stand, wenn jemand anderes Lorbas um sein Fell erleichtert hatte. Ich schnappte mir Lorbas also einfach eines schönen Tages und stellte ihn auf unseren Wohnzimmertisch, wo wir gemeinsam nach und nach herausfanden, was wie am besten funktionierte und welche Stellen besonders schwierig zu schneiden waren. Er war dabei sehr geduldig mit mir, und selbst wenn ich an sein Gesicht oder seine Beine musste – was er weniger mochte – versuchte er lediglich 2–3 Mal seinen Kopf wegzudrehen oder die Pfote wegzuziehen, fügte sich dann jedoch in sein unvermeidliches Schicksal, wenn ich beharrlich blieb. Die Prozedur wurde dann mit etwas Übung auch immer kürzer. Während ich anfangs noch 2 Stunden brauchte, konnte ich diese Zeit bald halbieren – vor allem im Sommer, wenn er öfter dran war und noch nicht so viel Fell nachgewachsen war.

Anstrengend war es aber dennoch immer. Ich hatte, bevor ich mir einen Pudel anschaffte, zwar schon gewusst, dass er regelmäßig geschoren werden musste, aber etwas theoretisch zu wissen und praktisch zu erfahren, sind zwei Paar Schuhe. Und so versprach ich jedem, der gerade zuhörte, dass Lorbas mein erster und letzter Pudel in diesem Leben sein würde (ob dies der Wahrheit entsprach oder nur leere Worte waren, steht allerdings noch in den Sternen). Der Aufwand lohnte sich jedoch, denn ich fand Lorbas viel hübscher, wenn ich selbst Hand anlegte. Und auch von anderen Hundebesitzern bekam ich Lob. Eine Pudelbesitzerin im Ort fragte sogar mal, ob ich ihren Hund nicht auch scheren könnte. Aber letztendlich ist dies natürlich Geschmackssache, und es muss jeder Mensch und Hund für sich selbst entscheiden, welche Frisur sie bevorzugen.

Wachsam und abwartend

Besser einmal zu viel als zu wenig markieren

6. Lorbas, der Rudelführer

Es gibt verschiedene Theorien zu den Organisationsstrukturen in wilden Hunde- und Wolfsrudeln, und wie dieses Wissen auf unsere Haushunde angewendet werden kann. Heruntergebrochen kann man festhalten, dass es Rudelführer gibt und die Rangfolge absteigend weitere Tiere, die verschiedene Aufgaben übernehmen. Dabei sind die Leithunde stets souveräne, kompetente Anführer, die vorausschauend handeln und Entscheidungen für das ganze Rudel treffen.

Nun, so ängstlich wie Lorbas anfangs war, war er doch alles andere als souverän und kompetent, richtig? Auf den ersten Blick hätte man dies vermuten können, doch Lorbas sollte noch ein paar Überraschungen in petto haben ... Denn vor allem bei Begegnungen mit kleinen und mittelgroßen Hunden schien die Welt komplett auf den Kopf gestellt. Weg war alle Ängstlichkeit. Stattdessen blieb Lorbas ruhig stehen, sobald er einen Hund sah, blickte diesem mit hocherhobenem Kopf und Rute entgegen und wartete geduldig ab, bis der andere Hund sich ihm näherte. Sowohl seine Körperhaltung als auch das Stehenbleiben sind dabei normalerweise klare Anzeichen für einen introvertierten Rudelführer, da sich die rangniedrigen Hunde diesen immer respektvoll nähern, sofern sie über genügend Sozialkompetenz verfügen.

Sobald ein Hund ihn erreicht hatte, wedelte Lorbas dann freundlich mit dem Schwanz und befolgte das Hundeprotokoll, indem er dem anderen Vierbeiner am Hinterteil roch und sich selbst beschnüffeln ließ. Er schien auch hierbei öfter dominant und legte einem anderen Hund schon mal den Kopf über dessen Rücken. Sich selbst zu unterwerfen mochte er hingegen gar nicht, wobei die „Streitigkeiten" mit anderen Rüden von seiner Seite aus stets friedvoll abliefen. Besonders schön war dies an seiner Bekanntschaft mit einem kleinen, schwarzweißen und ebenfalls unkastrierten Rüden zu sehen. Denn wenn sich die beiden begegneten und das Begrüßungsprotokoll abgeschlossen hatten, nutzten sie die nächsten Minuten dazu, immer wieder über den Urin des anderen zu markieren, um zu zeigen, dass sie „der Boss" sind, wobei Lorbas immer das letzte Wort haben musste.

Zusammengefasst kann man also sagen, dass Lorbas sich oft wie ein Leithund verhielt, wenn man ihn mit Artgenossen beobachtete. Allerdings, nur, wenn die anderen Hunde nicht viel größer waren als er. Denn wenn ein Riese auf der Bildfläche erschien, verfiel Lorbas direkt wieder in sein Angstmuster und knurrte erst mal vorsorglich, um dem anderen Hund mitzuteilen, dass er bloß wegbleiben sollte (natürlich mit Ausnahme der großen Hunde, die er bereits als nett abgespeichert hatte).

Wir haben nie herausgefunden, welche Rolle Lorbas in einem Hunderudel wirklich eingenommen hätte, da er diese zwei komplett konträren Seiten hatte, die gar nicht zueinander passen wollten. Einerseits war er eben sehr ängstlich, andererseits traf er aber auch gerne selbstständig Entscheidungen. Auf jeden Fall war es wieder absolut typisch für ihn, dass er sich nicht einfach in eine Schublade stecken ließ, selbst wenn keine anderen Hunde involviert waren …

Auf einer Bank

Neben einer Bank – darauf wartend, dass ich mich setze

7. Lorbas, der Neugierige

Lorbas war der neugierigste Hund, den ich je kennengelernt habe. Er beobachtete ALLES. Und jeden. Ein Mann, der in seinem Garten arbeitete? Spannend. Eine Frau, die Fenster putzte? Faszinierend. Eine Pferdekutsche, die vorbeifuhr? Fesselnd. Er musste jeden Spaziergänger betrachten, die Busse beobachten und den spielenden Kindern zusehen. Im Sommer steuerte er sogar gezielt Parkbänke im Schatten an, weil er wusste, dass wir uns dann hinsetzen würden und er so alles länger beobachten konnte. Pudel sind ja nicht umsonst als besonders intelligent und wissbegierig bekannt. Und meiner war eben ein Paradebeispiel dafür.

Doch sosehr Lorbas Interesse hatte, andere Menschen zu beobachten, so sehr weigerte er sich auch, diese näher an sich heranzulassen. Sein ganzes Leben lang mochte er nur von meiner Mutter und mir gekuschelt werden und zog sich zurück, sobald jemand anderes ihm zu Nahe kam. Es gab nur eine Ausnahme, wie eine andere Person mal in den Genuss kommen konnte, ihn zu kraulen: Wir mussten ihn auf einen Tisch setzen. Wahrscheinlich, weil er von klein an das Scheren gewöhnt war, fügte er sich dann stets in sein Schicksal, wenn ein fremder Mensch beim Hundefriseur oder Tierarzt Hand anlegte.

Lorbas war nicht aggressiv, wenn sich ihm jemand näherte, zumal er wusste, dass wir uns im Notfall zwischen ihn und die andere Person geworfen hätten – denn niemand sollte dazu gezwungen werden, von Fremdem angefasst zu werden, wenn er das nicht möchte – auch kein Hund! Aber es gab auch hier eine Diskrepanz in seinem Verhalten, die kurios war. Nach einigen Jahren bei uns gewöhnte Lorbas es sich nämlich an, andere Leute auf der Straße laut anzubellen, wenn wir „im Rudel" unterwegs waren. Wenn wir also zu dritt rausgingen oder uns draußen auf der Straße trafen, freute er sich zunächst tierisch darüber, um dann überschwänglich und lautstark jeden zu verbellen, der sich uns näherte. Dieses Verhalten dauerte jeweils nur ein paar Minuten an. Und es trat tatsächlich nur dann auf, wenn wir alle zusammenliefen, nie jedoch, wenn er nur mit einem von uns unterwegs war. Lange wussten wir nicht, was das bedeuten sollte, und wir würden die Antwort auch erst sehr viel später erhalten ...

Andersherum wurde Lorbas im Übrigen auch „eifersüchtig", wenn wir uns zu sehr einem anderen Hund zuwandten. Sobald man sich hinhockte, um weniger bedrohlich für den anderen Vierbeiner zu erscheinen, lief Lorbas los und schnitt diesem den Weg ab. Damit meldete er dann seinen Besitzanspruch uns gegenüber an. Nur wenn Lorbas einen anderen Hund sehr mochte, hatte er nichts dagegen, wenn wir ihn streichelten, zumal er dann auch selbst damit beschäftigt war, diesem am Hinterteil zu riechen oder im Falle von seinem absoluten Lieblingsfreund (einem wahren Riesen, der mindestens doppelt so groß war wie Lorbas) an dessen Schulter hochzusteigen und sein Gesicht zu beschnuppern.

Ruhig wartend an der Tür

Lorbas lernt „Platz“

8. Lorbas, die Intelligenzbestie

Meine Mutter und ich hatten relativ schnell aufgegeben, Lorbas ein längeres Alleinsein anzugewöhnen, weil er das absolut nicht wollte. So gewährten wir ihm – bis auf ganz wenige Ausnahmen – eine 24/7-Rundum-Betreuung.

Vorbei waren also die gemeinsamen Konzerte oder die Ausflüge, auf denen wir ihn nicht mitnehmen konnten. Und bei jeder zu treffenden Entscheidung fragten wir uns: „Was ist das Beste für Lorbas?" Es war manchmal stressig, nur zu zweit für einen Hund da zu sein, zumal er in seinen besten Jahren ca. 6 Stunden am Tag spazieren ging, aufgeteilt auf vier Spaziergänge. Aber auch wenn wir manchmal das Nachsehen hatten, haben wir diese Dinge gerne für ihn aufgegeben, um Lorbas das bestmögliche und glücklichste Leben zu bieten, was er nur haben konnte. Eine Tatsache, die Lorbas nicht nur bewusst, sondern für die er auch dankbar war. Denn er gab uns im Laufe der Jahre so viel zurück. Und letztendlich waren die unbändige Lebensfreude, all die vielen Kuscheleinheiten und seine bedingungslose Liebe auch mehr wert als jedes Urlaubsticket es hätte sein können.

Zumal Lorbas auch wesentlich entspannter wurde, was kleine Abwesenheiten anbetraf. Er lief uns nicht mehr ständig in der Wohnung hinterher, und wenn man zum Beispiel mal in den Keller oder die Waschküche musste, blieb er ruhig im Flur sitzen und lauschte auf unsere Schritte, ganz ohne Fiepen oder Winseln, wobei er uns jedes einzelne Mal freudig begrüßte, sobald wir wieder kamen.

Die Begrüßungen selbst waren im Übrigen abhängig davon, wie lange man fort war. Lorbas verstand sehr schnell, dass ich wochentags meist von früh bis nachmittags auf der Arbeit war. Wenn er also vom Vormittagsspaziergang wiederkam, ging er gleich zu einem seiner Schlafplätze und suchte mich nicht. Wenn er hingegen nachmittags wiederkam, wartete er mit wachsender Ungeduld, wann er denn nun endlich meine Schritte im Treppenhaus hörte.

Und er wusste nicht nur die Zeiten und wie lange ich weg war, sondern auch wo ich war. Denn je später der Tag voran rückte, desto mehr betrachtete er die Busse und wer alles ausstieg, weil er genau wusste, dass ich immer mit solch einem „Riesenauto“ kam. Wenn meine Mutter hingegen am Samstag einkaufen war, interessierten ihn die Busse herzlich wenig. Dann zog es ihn immer zu den örtlichen Supermärkten, weil er in der Vergangenheit schon beobachtet hatte, dass sie dort immer mit leeren Taschen hineinging und mit vollen wieder herauskam.

Für das Erlernen von Tricks, die er nicht für sinnvoll erachtete, hatte meine kleine Intelligenzbestie allerdings nicht viel übrig. Obwohl er die Grundlagen wie „Sitz“, „Platz“, „Nase an Hand stupsen“ oder „Pfote heben“ sehr schnell drauf hatte, weigerte er sich, zusätzliche unnütze Dinge zu lernen. Und auch die anderen üblichen Hundespiele und Hundesportarten wie Agility interessierten ihn nur mäßig. Stattdessen erfand er seine eigenen Spiele …

Luftball I

Luftball II

9. Lorbas, der Sturbock

Das erste und liebste Spiel, welches Lorbas erfand, wurde von uns „Luftball" getauft. Man brauchte dazu einen großen, leichten Ball, ein paar Wände und den Einsatz des kompletten Hundekörpers. Lorbas begann damit, dass er den Ball vor sich her in eine Ecke schoss, bevor er ihn dann mit dem Kopf nach oben drückte und seine Pfoten zu Hilfe nahm, ihn möglichst lange dort zu halten. Ein anderes Spiel, welches er liebte, war „Quietschebällchen suchen". Eine Decke musste dazu unordentlich auf sein Bett gelegt werden, worunter ein Stoffbällchen vergraben wurde. Hatte er den Ball gefunden, versteckte man ihn entweder sofort wieder, oder – wenn er darauf Lust hatte – warf man ihn zwischendurch in den Flur, von wo Lorbas ihn wiederholte, damit man weiter Verstecken spielen konnte. Weitere Spiele umfassten kurze Hetzspiele mit der Reizangel, Kartons zerreißen, Schaumstoffbälle zerpflücken, einen Futterball herumschubsen, Suchspiele in der Wohnung – entweder mit Leckerlis oder mit uns – Fangen ums Sofa und anfangs auch der beliebte „Besenkampf", wobei er Letzteres relativ schnell einstellte, als meine Mutter begann, ihn immer kurz auszusperren, wenn sie fegte.

Lorbas spielte aus verschiedenen Gründen. Mit dem großen Ball spielte er am liebsten morgens, wenn er Hunger hatte und bald fressen wollte. Er musste IMMER spielen, bevor er fraß, ganz so wie seine Vorfahren – die Wölfe – auch erst auf die Jagd gehen und sich körperlich betätigen müssen, bevor sie etwas zwischen die Zähne bekommen. Das Bällchen-Suchspiel bevorzugte er hingegen abends, wenn unser „Rudel" vollständig versammelt war und langsam zur Ruhe kam. Geduld hatte er beim Spielen aber meist nicht. Nach zweimal Ballsuchen und einmal Werfen nahm er sich oft eins seiner Plüschtiere oder Kissen und begann erst mal, daran zu nuckeln. Eine Verhaltensart, inklusive des sogenannten Milchtrittes, die er nicht nur als Junghund, sondern bis zum Ende seines Lebens beibehalten würde und welche ihn immer schnell beruhigte, wenn er mal aufgeregt war.

Es gab jedoch auch Dinge, da legte Lorbas keine Pausen ein. In erster Linie denke ich hier an seinen „Ich starre dich jetzt ewig an-Blick", wenn er etwas von uns wollte. Vielleicht kennen viele die Ratschläge der Hundetrainer, dass man den Hund in diesem Fall aussitzen soll und erst aufstehen, wenn er sich entspannt hingelegt hat? Nun ja, offensichtlich kennen diese Trainer unseren Hund nicht, denn Lorbas hätte ihnen bewiesen, wie lange ein Sturbock wie er das aushalten kann. Die Antwort? Ewig! Er war das sturste Lebewesen, das ich je kennengelernt habe. Am Anfang hatte ich mal versucht, dem Hinweis der Trainer zu folgen und Lorbas nicht zu beachten, aber das machte ihm überhaupt nichts aus. Er wurde weder aufdringlicher noch gab er auf. Er blieb einfach sitzen und starrte weiter. Und er konnte das über Stunden tun, bis er entweder seinen Willen bekam oder man ihm ein deutliches „Nein“ als Antwort gab, wenn es gerade nicht ging. Dann seufzte er theatralisch und versuchte es später noch einmal.

Lorbas wusste eben genau, was er wollte. Und oft bekam er es auch – bis auf eine Ausnahme …

Der Kampf mit dem Karton

Das Beste an Weihnachten war das Geschenkpapier

10. Lorbas, der Liebestolle

Lorbas kam schon bald nach seiner Ankunft bei uns in die Geschlechtsreife. Nur ein paar Wochen später sah er sich bei einem anderen Rüden ab, wie man das Bein hob und „richtig“ markierte, und seit diesem Zeitpunkt waren dann auch Hündinnen plötzlich als mehr als nur als Spielkameraden interessant – oft wussten wir anhand seines Verhaltens sogar schon früher, dass eine Hündin begann, läufig zu werden, als deren Besitzer.

Am schlimmsten war natürlich die sogenannte Standhitze, wenn die Hündinnen bereit für die Paarung waren und ganz besonders gut rochen. Dann wollte Lorbas sich partout nicht von ihnen trennen, beziehungsweise hatte die nächsten Tage beim Spaziergang nur ein Ziel: das Haus seiner Angebeteten, wo er sich am liebsten stundenlang davor gesetzt hätte, um winselnde Klagelieder zu singen, in der Hoffnung, dass sie ihn erhören und herauskommen würde.

Doch von seiner Beharrlichkeit und seinen Liedern mal abgesehen, blieb Lorbas stets moderat in seinem Verhalten und hatte keine gesteigerte Sexualität. Weder rammelte er zu Hause seine Plüschtiere, noch war er aggressiv anderen Rüden gegenüber. Weshalb wir uns dazu entschieden, ihn nicht kastrieren zu lassen, da ein solcher Eingriff ja auch gesundheitliche und Wesensveränderungen nach sich ziehen kann. Und dieses Risiko wollten wir ohne guten Grund nicht eingehen, zumal Lorbas so gut händelbar blieb.

Natürlich wollte er die Hündinnen, die ihm gefielen, anfangs auch besteigen. Aber er merkte schnell, dass wir das nicht erlaubten, da wir ihn immer wieder runter schubsten und bestimmt „Nein" sagten. So gab er diesen Versuch schnell auf und begnügte sich fortlebend damit, als Ersatzhandlung mal vorne an der Schulter der Hündin hochzusteigen, solange diese nichts dagegen hatte.

Für Lorbas war von Anfang an ein „Nein" ein „Nein" und wurde ohne Meckern befolgt. Wahrscheinlich lag es daran, dass wir das Wort nicht oft verwendeten und ihm nur die wichtigsten Dinge verboten. Wenn er ein gefährliches Stück Stock gefunden hatte, sagten wir „Nein“ und nahmen es ihm weg. Wenn er aus einer Pfütze auf einem Parkplatz trinken wollte, in der Verunreinigungen von Benzin und Öl hätte sein können, sagten wir „Nein“. Und wenn er seine Nase zu nah an einen Igel bringen wollte, um dieses merkwürdige Lebewesen genauer zu betrachten, ebenfalls. Wobei wir auch nie laut werden mussten, solange unsere Absicht klar war.

Das erste „Nein“, an das ich mich erinnere, war übrigens, als Lorbas kurz nach seinem Einzug ein Buch aus einem Regal gezogen hatte und dieses beherzt in Stücke riss. Ich nahm es ihm weg und damit war die Sache erledigt. Er machte nie wieder eins kaputt. Wobei er mit Hingabe weiterhin alles zerfledderte, was er durfte, seien es Kartons, Geschenkpapier oder andere Verpackungen.

Seine Gelehrigkeit, gekoppelt mit seinem Willen, uns stets zu gefallen, machten Lorbas zu einem echten Vorzeigehund, der kaum die typische Erziehungsarbeit brauchte, sondern ganz natürlich mit uns eine Einheit bildete, in der jeder wusste, was der andere wollte oder eben auch nicht durfte.

Ein kleiner Zwischensnack

Leberwurst vom Löffel

11. Lorbas, der Mäkelige

Die ersten zwei Tage, nachdem Lorbas zu uns gekommen war, war er sehr aufgeregt, sobald die Futterdosen aus dem Schrank geholt wurden, und hüpfte wild umher. Da ich in der Vergangenheit bereits einige Hunderatgeber gelesen hatte, folgte ich dem gängigen Modell, zu warten, bis er sich beruhigt hatte, bevor ich die Schüssel auf den Boden stellte. Nach zwei Tagen war diese Lernphase erledigt und er wartete am dritten Tag ganz brav auf sein Fressen. Vielleicht sogar etwas zu ruhig für meinen Geschmack, da ich nicht wollte, dass er all seine Lebensfreude einbüßte und dachte, er dürfe seinen Überschwang nicht mehr zeigen. Ein blinder Gehorsam war nicht das, was ich anstrebte.

Also wurden die Ratgeber beiseitegelegt. Stattdessen begannen wir, unserer Intuition zu folgen, die uns sagte, dass es nicht schaden könne, wenn Lorbas immer Zugang zu Futter hätte. Natürlich konnte das Nassfutter nicht stundenlang stehen bleiben, weil es sonst schlecht geworden wäre, aber er hatte einen zweiten Napf mit unterschiedlichem Angebot, an dem er sich nach Belieben bedienen konnte. Dies ist weder die gängige Meinung, die besagt, dass man dem Hund zehn Minuten einen Napf hinstellt, und dass dieser dann entweder fressen oder eben hungern muss – eine Handlung, die darauf abzielt, dass der Halter die Kontrolle über die Ressourcen behält und diese verteilt – noch ist es immer möglich, umzusetzen, wenn man zum Beispiel mehrere Hunde hat, die im Konkurrenzkampf ums Fressen stehen, oder wenn ein sehr verfressener Vierbeiner bei einem wohnt.

Bei Lorbas war es aber ohne Probleme möglich, da er nie zu viel nahm. Und es zog auch einige positive Effekte nach sich. Denn Lorbas entwickelte nie in seinem Leben Futteraggressionen. Durch den ständigen Zugang war er immer tiefenentspannt, was das Fressen betraf. Er stürzte sich auch nicht auf Heruntergefallenes vom Tisch, klaute kein Essen aus dem Regal – seine liebsten Leckerchen wurden frei zugänglich auf seiner Augenhöhe aufbewahrt und er hätte jederzeit eins davon nehmen können – und fraß draußen nichts, was auf den Gehwegen lag, sei es ein weggeworfener Burger oder ein totes Tier. Und wenn man ihm mal etwas wegnehmen musste – was natürlich nur im Notfall geschah – dann gab er es bereitwillig her.

Der einzige Nachteil an der ganzen Sache war, dass Lorbas unglaublich mäkelig wurde. Mit Obst und Gemüse konnte man ihn jagen. Weder Möhren noch Äpfel wurden probiert. Stattdessen sollte es nur das Beste vom Besten geben: Frisches Huhn und Ente, Rindfleisch, Hackfleisch, Leberwurst, Käse und ein gutes Nassfutter sowie die besten Hundeleckerchen.

Am liebsten fraß Lorbas diese auch noch aus der Hand, wobei er immer äußerst vorsichtig dabei war. Egal ob man ihm etwas auf der flachen Handfläche oder zwischen den Fingern anbot, war er unglaublich sanft und benutzte nur seine Lippen und Zunge, um es zu nehmen. Man merkte gar nicht, dass er überhaupt Zähne hatte, ganz anders als ein Dackel, den wir mal kennenlernten, und bei dem man Schutzhandschuhe brauchte, wenn man etwas zu fressen reichte, weil dieser ohne Rücksicht auf Verluste nach allem schnappte, was ihm vor die Nase kam.

Lorbas beim Buddeln

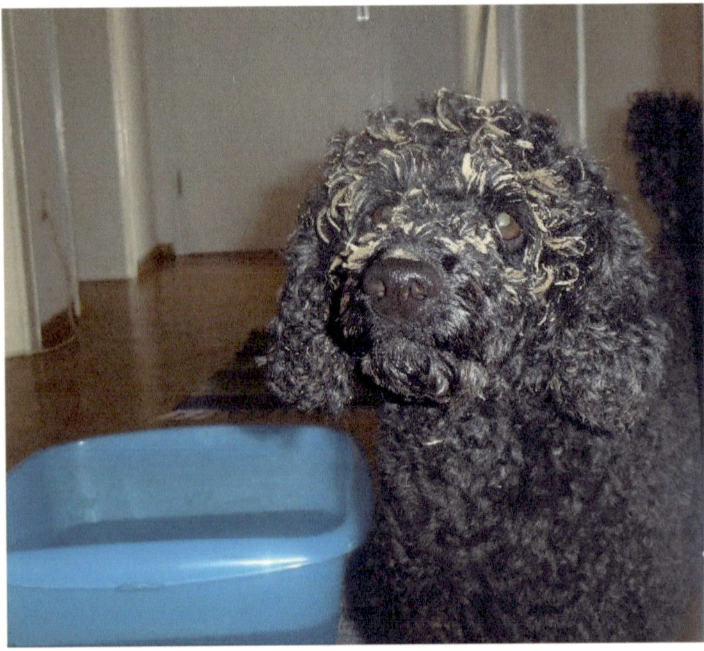

Lorbas nach dem Buddeln

12. Lorbas, der Jäger

Lorbas hatte einen ausgeprägten Jagdtrieb, weshalb wir ihn leider nicht so oft von der Leine lassen konnten, wie wir es gewollt hätten. Und trotz dieser Einschränkungen hatte er es in seinem Leben geschafft, so einige Tiere zu fangen, egal ob Mäuse, Kaninchen oder Vögel. Allerdings tötete er sie nie. Vielmehr wusste er nichts mit seiner Beute anzufangen, wenn er diese erst mal im Maul hatte.

Aber von Beginn an: Es war schon immer eine von Lorbas' Lieblingsbeschäftigungen, draußen zu graben. Er konnte lange Zeit hingebungsvoll ein Loch nach dem anderen buddeln, bis diese so groß waren, dass er halb darin verschwand, wobei er Wurzeln mit dem Maul ausrupfte und nach und nach die lose Erde wegschob. Des Öfteren hörte man dann irgendwann ein aufgeregtes Quieken aus seinem Maul, weil er es mal wieder geschafft hatte, eine Maus zu erwischen. Er spuckte diese dann zwar aus, aber man musste den Moment gut abpassen und ihn schnell festhalten, damit er nicht hinterher sprang und sie ein zweites Mal erwischte. Denn sobald sie wegrannte, war sein Jagdtrieb erneut geweckt.

Einmal hatte er statt einem Mäusegang sogar einen Kaninchenbau freigelegt und ein kleines Fellbündel geschnappt, welches ihm rechts und links aus dem Maul hing. Dies war das einzige Mal, dass ich wirkliche Probleme hatte, ihn zum Loslassen zu bewegen. Er ignorierte mein „Nein“ und alle Bemühungen, ihm das Maul zu öffnen. Ich redete mit Engelszungen auf ihn ein, wurde ruppig und bot ihm sogar einen Tausch an. Aber er blieb stur und wollte unbedingt mit dem Kaninchen den Weg nach Hause einschlagen. Ich weiß nicht, ob er zur Futterbeschaffung beitragen wollte oder ob er ein Haustier wollte, aber die Absicht, das Kaninchen nach Hause zu tragen, war klar und deutlich in seinen Augen abzulesen. Irgendwann schaffte ich es dann doch, ihn dazu zu bringen, loszulassen, und das Kaninchen rannte sogleich weg, offensichtlich unversehrt und ohne jegliches Blut im Fell.

So vorsichtig wie Lorbas immer war, wenn er Futter aus unserer Hand fraß, schien er auch die gefangenen Tiere festzuhalten. Er übte nur genug Druck aus, um sie nicht entkommen zu lassen. Der einzige Vogel, den er jemals fing, überlebte dieses Trauma aber leider dennoch nicht. Wahrscheinlich ein Herzstillstand aufgrund des Schocks, etwas für das Vögel prädestiniert zu sein scheinen. Denn regelmäßig sehe ich am Neujahrsmorgen mehr tote Vögel auf den Feldern und Wiesen als sonst das ganze Jahr zusammengenommen ...

Auch Lorbas' Panik vor den Silvesterböllern wuchs, was jeden Jahreswechsel zu einer Qual für uns alle machte. Für Lorbas, weil er tagelang wie Espenlaub zitterte, sobald er einen Knaller hörte. Und für uns, weil wir nicht viel tun konnten, um ihm diese Angst zu nehmen. Natürlich hatten wir zu Hause das Licht angelassen, Entspannungsmusik angemacht, beruhigende Pheromone ausprobiert und ihn Schutz in unserer Nähe suchen lassen, wenn er dies wollte. Aber das alles hatte nur begrenzten Erfolg, weil die Panik vor der Knallerei bei den betroffenen Tieren so instinktiv und ursprünglich ist, dass alles Denken aussetzt.

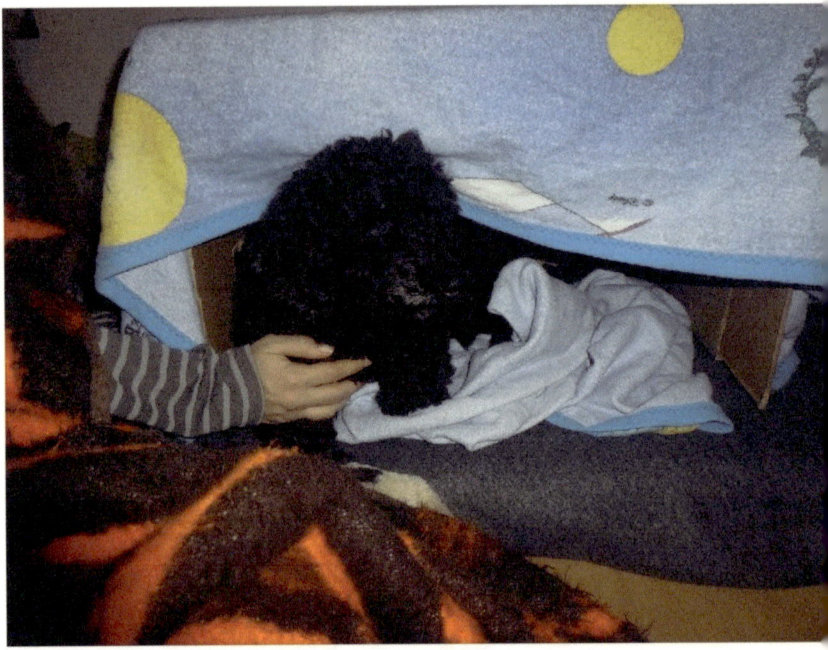

In einer selbstgebastelten Kartonbox an Silvester

Sobald die Rute runterging, wussten wir: „Etwas ist nicht in Ordnung“

13. Lorbas, der Angsthase

Es gab ein paar Ängste von Lorbas, die leider bis zum Ende seines Lebens Bestand hatten.

Zusätzlich zu der Angst vor Silvesterraketen blieb auch Lorbas' Angst vor Deutschen Schäferhunden und Katzen bestehen, wobei es kurioserweise so war, dass die Familie meiner Mutter, als sie ein Kind war, einen Deutschen Schäferhund und einen Kater hatten. Zufall? Oder war dies unserem Lorbas bewusst und er war eifersüchtig? Wollte er vielleicht verhindern, dass sie ihn ersetzte?

Schließlich betraf Lorbas vierte große Angst stechende Insekten, vor allem Wespen, Bienen und Hummeln. Wie es dazu kam? Nun, Lorbas konnte seine grenzenlose Neugier nur dadurch bezwingen, indem er seine Nase in alles steckte, was sich ihm bot. Und einmal war dies leider ein Wespennest, was dazu führte, dass er aufjaulend aus den Büschen rannte, mit dutzenden von den stechenden Biestern an seinem Körper. Glücklicherweise war er nicht am Hals oder

Maul gestochen worden und hatte nur den Schreck zu verarbeiten, aber dieser ließ ihn in Zukunft wegspringen, sobald ihm ein summendes Insekt zu nah kam.

Ein negatives Erlebnis, welches Lorbas allerdings nicht davon abhielt, weiterhin seine Nase in Dinge zu stecken, die ihn nichts angingen. Denn kurz nach dem „Wespenvorfall", als wir mal wieder eine Hundefriseurin besuchten, stellte diese fest, dass Lorbas seine Schnauze kurz zuvor in ein Zeckennest gesteckt haben musste. Sie war bestimmt eine halbe Stunde damit beschäftigt, die winzigen Biester alle zu entfernen.

Sowieso waren die Zecken das erste Jahr ein großes Problem, als wir noch weiter südlich wohnten. Dadurch, dass Lorbas wenig auf den Wegen lief, wie viele andere Hunde das tun, sondern immer die Wiesen, Büsche und das Unterholz bevorzugte, hatte er nach fast jedem Spaziergang im Sommer an die 10 Zecken im Fell, die wir dann in mühseliger Kleinarbeit heraussuchen mussten. Nicht einfach bei lockigem, schwarzem Hundefell … Als wir dann weiter nördlich wohnten, wurden aus ca. 50-70 Zecken die Woche aber dankenswerterweise nur noch etwa 5-10 Zecken im Jahr.

Schlimmer als von den Zecken gebissen zu werden, waren nur die vier Male, als Lorbas blutete. Zweimal wurde er leider von anderen Hunden gebissen. Das erste Mal riss sich ein fremder Hund von der Leine seines Besitzers los und biss Lorbas in die Schulter, während sich das zweite Mal gleich zwei Nachbarhunde auf ihn stürzten, als wir auf unseren Hof einbiegen wollten, wobei ihn einer der beiden am Hals tackerte. Außerdem trat Lorbas einmal abends im Dunkeln in eine Glasscherbe – eine Wunde, die ich gut mit etwas blutstillender Watte und einem Verband erstversorgen konnte –, während beim vierten Mal eine Hundefriseurin eine Kralle ein bisschen zu weit hinten abschnitt und auf einmal Blutstropfen auf dem Tisch landeten.

Letztendlich gingen aber alle Verletzungen eher glimpflich aus, wofür wir damals und auch heute noch sehr dankbar sind.

Mit den Pfoten im Wasser

Ein schwarzer Hund wird weiß

14. Lorbas, der Wasserscheue

Unglücklicherweise für Lorbas lief nicht alles in seinem Leben nach Plan. Wenn es so gewesen wäre, hätte es sicher nie geregnet. Denn Lorbas hasste Wasser – mit Ausnahme vom Trinkwasser – in jeder Form, egal ob es nun von oben oder unten kam.

Eigentlich wurden Pudel früher ja dafür gezüchtet, geschossene Enten aus dem Wasser zu apportieren, und sind damit als wasserverrückte Rasse bekannt, aber wie üblich viel Lorbas mal wieder aus der Reihe ...

Er ging zwar in den Bach in unserem Auslaufgebiet, aber nur um zu trinken. Und er traute sich auch nur soweit rein, solange die Pfoten noch den sicheren Boden unter sich spürten. Während Lorbas' Hundefreunde zum Teil freudig bellend in das kühle Nass hineinsprangen, schaute er ihnen nur vom Ufer beim Schwimmen zu und war durch nichts zu bewegen, sich ihnen anzuschließen.

Genau dieselbe Abneigung brachte Lorbas auch der Badewanne entgegen, welche ihm die meisten Jahre erspart blieb. Lediglich als er einmal Flöhe anschleppte und man wochenlang damit beschäftigt war, auch die letzten aus seinem Fell und den Teppichen zu bekommen, musste er öfter rein. Ansonsten reichte es aber aus, eine Katzenwäsche zu machen, wenn er sich zum Beispiel mal wieder auf einer gut gedüngten Wiese gewälzt hatte. Oder wenn Schnee lag ... Denn was ich noch nicht gewusst hatte, bevor ich einen Pudel bekam, war, dass der Schnee wie von Zauberhand an den Locken kleben bleibt und dort zu großen Klumpen gefriert.

Lorbas mochte den Schnee zwar und sprang gerne darin herum oder verfolgte die Spuren, die andere Hunde oder Wildtiere hinterlassen hatten, aber mit jeder Minute wurde das Laufen schwieriger, weil die Schneekugeln an den Beinen größer und größer wurden und zu Hause nur noch mit lauwarmem Wasser zu Leibe gerückt werden konnten.

Und natürlich war da auch noch der böse Regen, der Lorbas zu überdachten Häusern oder Bushaltestellen laufen ließ, damit er bloß nicht nass wurde. Er fror bei Nässe aufgrund der fehlenden Unterwolle aber auch schnell. Einen Regenmantel wollte Lorbas dennoch nie tragen. Und wenn wir versuchten, ihm einen anzuziehen, stakste er nur breitbeinig herum wie ein Storch im Salat. So blieb uns dann nichts anderes übrig, als immer wieder dem Regen zu trotzen und Lorbas im Nachhinein mit warmen Handtüchern und Decken aufzuwärmen.

Ein Vorteil war natürlich, dass er danach immer wahnsinnig gut roch. Vielleicht war es auch die Tatsache, dass er zur Familie gehörte und wir ihn liebten, aber ich mochte den Geruch „nasser Lorbas“ sehr gerne. Fast so sehr wie den Geruch „warmer, verschlafener Lorbas“. Denn er roch nie so gut wie am frühen Morgen, wenn er gerade ganz verträumt aus seinem Bett tapste. Vor allem an seinen Ohren und Pfoten. Viele Leute beschreiben diesen Geruch wie Popcorn. Für mich roch es aber eher wie Sonnenschein, ganz warm und kuschelig.

Auf dem Rücken liegend, damit ich besser den Bauch bürsten kann

„Der Blick“, als ich mit Lorbas rauswollte und er das warme Bett bevorzugte

15. Lorbas, unser Prinz

Lorbas wurde von uns verwöhnt wie ein Prinz, was er sichtlich genoss. Ebenso wie die vielen Liebesbekundungen und Streicheleinheiten, die wir ihm zuteilwerden ließen.

Am tollsten fand er es natürlich, wenn sowohl meine Mutter als auch ich um ihn herumsaßen und ihn mit allen vier Händen zugleich liebkosten. Ob man ihm dabei den Bauch rieb, die Brust oder den Schwanzansatz kraulte oder seine Locken mit den Fingern kämmte, war egal. Hauptsache man hörte mit den Streicheleinheiten nicht auf, bis er am Einschlafen war. Denn wenn man zu früh eine Pause machte, kam seine Pfote zum Einsatz. Fordernd kratzte er einem damit an der Hand oder dem Bein oder wo auch immer er gerade gut hinkam und bettelte darum, weiterzumachen. Was wir natürlich gerne taten. Und wofür wir auch regelmäßig mit Gesichtswäschen belohnt wurden, wenn er als Dank nicht aufhören wollte, uns abzuschlecken. Daher auch sein Spitzname „Waschlappen“, der neben „Räuber“ und „Bärchen“ nur einer von vielen war.

Lorbas mochte es außerdem gerne, gebürstet zu werden, allerdings nur an von ihm dafür vorgesehenen Stellen. An der Brust, am Bauch und an den Ohren liebte er es und am Rücken und an den Seiten ließ er es kommentarlos über sich ergehen. Aber sobald man die Beine oder die Rute bürsten wollte, zog er es vor, lieber „fangen und jagen“ ums Sofa herum zu spielen oder an seinem Kissen zu nuckeln.

Genauso anspruchsvoll war er auch, wenn es ans Föhnen ging. Am Kopf wollte er es gar nicht haben, am Rücken und an den Beinen war es okay, während er es an der Brust abgöttisch liebte. Von Letzterem konnte er nie genug bekommen. Langsam aber sicher vielen ihm dann immer die Augen zu und er schwankte leicht, weil er drohte, einzuschlafen. Und wenn man dann irgendwann aufhörte, weil einem die Hand schon wehtat, sah er einen ganz vorwurfsvoll an.

Ein Blick, den er übrigens im Laufe der Jahre perfektioniert hatte und den er immer wieder in den unterschiedlichsten Situationen hervorholte. Im Regen spazieren gehen? Das Fell an den Pfoten schneiden lassen? Diese eine Straße entlang gehen, wenn es in der anderen doch so gut roch? Nicht das richtige Leckerchen oder – schlimmer noch – gar keines dabeihaben? Alles wurde mit dem Blick „Wie kannst du nur" abgestraft, der uns regelmäßig zum Lachen brachte.

So wie auch seine verrückten Ideen und immer wechselnden Routinen. Am Wochenende, nach dem Frühstück, steuerte er die letzten Jahre zum Beispiel gezielt mein Zimmer an, um sich den besten Platz auf meinem Kopfkissen zu sichern, das nach der Nacht meinen Geruch angenommen hatte. Davor hatte er eine Phase, in der er unglaublich gerne auf Decken lag, die wir über unsere Füße breiteten. Darüber hinaus gab es mal die Zeit, in der er so lange im Wohnzimmer warten musste, bis wir alle im Bett waren, damit er selbst ins Schlafzimmer gehen konnte. Und dann war da ja auch noch die Sache mit den Stühlen ...

Ein Schläfchen im Bücherkarton

Mit kühlem Geschirrtuch im Sommer

16. Lorbas, die Schlafmütze

Lorbas war ein Verfechter der Gleichberechtigung. Wenn wir etwas taten, so hatte er auch das Recht dazu, so seine Devise.

Angefangen hatte dies eines schönen Tages beim Mittagessen, als Lorbas sich nicht wie gewohnt unter den Tisch legte, sondern sich vor uns setzte und uns anstarrte. Zuerst dachte ich, er würde jetzt anfangen zu betteln, was er bis dato noch nie getan hatte. Aber das schien nicht die gesuchte Antwort zu sein. Und irgendwann kam mir dann auch die Erkenntnis und wir stellten einen dritten Stuhl an den Tisch. Lorbas sprang direkt darauf und legte sich zufrieden hin. Denn er war offensichtlich der Meinung, dass, wenn wir auf Stühlen am Tisch saßen, er das auch machen musste.

Ein paar Wochen behielt er dieses Verhalten bei, gab es dann aber irgendwann auf, als er merkte, dass er eigentlich zu groß für den Stuhl war und das Ganze nicht sonderlich bequem. Das Liegen auf einem etwas größeren Stuhl auf dem Balkon führte er allerdings fort, da er auch hier auf seinen eigenen beharrte.

Grundsätzlich machte Lorbas seine Schlafplatzwahl von zwei Faktoren abhängig. Zum einen die Gemütlichkeit: Im Sommer präferierte er seine Kühlmatte oder – mit einem kühlen Küchentuch auf dem Rücken ausgestattet – einen Schattenplatz auf dem Balkon. Im Winter zog er es hingegen vor, sich in ein warmes Bett oder auf eine Decke aufs Sofa zu legen. Derweil war der zweite wichtige Faktor, wo wir uns aufhielten: Wenn wir die Betten frisch bezogen, kam er hinterher und legte sich auf die nackte Matratze oder auf den Haufen dreckiger Wäsche. Und wenn wir ständig umherliefen, legte er sich in den Flur, von wo er den besten Überblick hatte.

Dies lehrte mich auch, dass ich einem Hund immer mehr als nur einen Schlafplatz anbieten würde. Ich finde zwar die Übung „Platz und Bleib“ sinnvoll, wenn man einen Hund mal kurzfristig einen Platz zuweisen muss, aber generell sollte sich Lorbas frei bewegen und selbst wählen können, wo er liegen wollte. Ein Umstand, der uns Lorbas so manches Mal an kuriosen Plätzen finden ließ. So schlief er einmal in einer Bücherbox ein, die wir gerade packen wollten, oder er hielt ein Nickerchen in einem halb eingerollten Teppich.

Die ersten Jahre lag er auch noch nachts am Fußende eines unserer Betten. Irgendwann stellte er dies aber ein, vielleicht weil wir uns im Schlaf zu viel bewegten. Tagsüber sprang Lorbas allerdings weiterhin gerne hinauf.

Und nicht nur die Schlafplätze waren vielfältig, auch Lorbas' Liegepositionen wurden regelmäßig gewechselt. Es gab da zum Beispiel den sogenannten „Fisch“, bei dem er eine Pfote wie eine Flosse nach hinten streckte, die Rückenlage (vor allem im Sommer, wenn es heiß war), den eingerollten Husky, die Bauchlage, die erhabene Kopfposition (er legte diesen gerne mal auf seiner Pfote, der Sofalehne oder einem Kissen ab) und eine Position, bei der er den Kopf nach hinten überstreckte, was sehr ungemütlich aussah. Außerdem natürlich noch die bequeme Seitenlage, die später seine absolute Lieblingsposition wurde und von der er einen müde anblinzelte, nur um sich dann schnell wieder schlafend zu stellen, wenn man mit dem Geschirr anrückte, bevor er bereit war, rauszugehen.

Lorbas, der ergraute Rentner

17. Lorbas, die Seele eines Hundes

Lorbas war ein ganz besonderer Hund und wir sind sehr dankbar, dass wir so viele schöne Jahre mit ihm verbringen, seine pure Lebensfreude erfahren und seine bedingungslose Liebe fühlen durften.

Das Ende kam dann ganz plötzlich. Der 30.12. fing an wie jeder andere Tag. Lorbas ging spazieren, fraß, spielte, schnüffelte anderen Hunden hinterher und forderte Streicheleinheiten ein. Doch dann, am Abend, ging es ihm auf einmal sehr schlecht. Er hatte den Hals überstreckt, atmete heftig und schien nicht gut Luft zu bekommen. Wir sind direkt zum Notfalltierarzt gefahren, von dem wir die Hiobsbotschaft erhielten: Lorbas hatte einen Herzfehler im Endstadium, der wahrscheinlich erblich bedingt war, der aber bis dahin symptomlos verlaufen und nie erkannt worden war. Es gab keine Möglichkeit der Heilung oder Besserung, und er hätte sich nur gequält, also mussten wir ihn einschläfern lassen. Natürlich blieben wir bis zu seinem letzten Atemzug bei ihm, und so musste er tatsächlich bis zum Ende nie ohne uns sein.

Es war schwer, meinen Seelenhund zu verlieren, auch wenn ich die Gewissheit habe, dass er zeit seines Lebens glücklich war und jetzt Frieden gefunden hat. Zudem erleichtert es uns, zu wissen, dass er bereits die ersten Rentenjahre erreicht hatte und nicht lange hatte leiden müssen, als die Krankheit ausbrach. Aber dieses Wissen kann nur bedingt über die Trauer unseres geliebten Freundes und Begleiters hinweghelfen. Um diese besser zu verarbeiten, entschied ich mich deshalb, zwei Dinge zu tun:

- Ich würde dieses Buch für Lorbas schreiben, um den besten Hund der Welt zu ehren!
- Und ich beauftragte eine Tierkommunikatorin, um Lorbas eine Botschaft zu übermitteln und ein paar Fragen zu stellen, wobei ich zwei seiner (gekürzten) Antworten hier mit euch teilen möchte:

F: Warum hast du eigentlich Menschen auf der Straße angebellt, wenn wir im Rudel unterwegs waren? Wenn du nur mit einem von uns spazieren warst, hast du das nicht getan.

Lorbas: Ich habe mich damit einfach ein bisschen größer gemacht. Ich war immer stolz darauf, wenn ihr beide mit mir unterwegs wart. Ihr wart meine Menschen, und ich wollte, dass andere gucken, was wir für eine tolle Familie sind. Warum ich das nicht getan habe, wenn einer von euch allein mit mir unterwegs war? Weil ich nicht wollte, dass ihr denkt, es liegt an einem von euch.

F: Geht es dir gut? Und gibt es noch etwas, dass du uns sagen möchtest?

Lorbas: Ja, mir geht es hier gut. Hier ist es hell, es riecht frisch. Es gibt viel zu gucken und zu unternehmen. Ganz viel Wiese, und auch kleine Wälder. Und alle sind friedlich miteinander. Das ist das oberste Gebot. Danke, dass wir immer zusammengehalten haben. Ich hoffe, ihr wart immer stolz auf mich. Ich habe euch sehr lieb!

KATHRIN AHRENDT

Seit ich 1983 in Deutschland das Licht der Welt erblickte, war ich ein absoluter Hundemensch und die Bitte "Mutti, ich möchte einen Hund" muss der meistgesagte Satz meiner Kindheit gewesen sein. Es sollte dennoch 27 lange Jahre dauern, bis alle äußeren Bedingungen erfüllt waren und der Startschuss fiel. Dann trat Lorbas auf tapsenden Pfoten in mein Leben und brachte mir nicht nur bei, den Moment zu genießen und für die kleinen Dinge des Lebens dankbar zu sein, sondern auch, was es heißt, die bedingungslose Liebe eines Seelenhundes zu erfahren.

Loved this book?
Why not write your own at story.one?

Let’s go!